U0192083

城市更新

：金隅南七里的蜕变

金隅地产合肥管理中心　著

中国建筑工业出版社

序言

一念灭，一念起

建筑和城市的寿命有多长？这是一个不太好回答的问题。

绕个弯儿回答吧，看看国家规范和标准是怎么说的。我国自 2019 年 4 月 1 日起实施的《建筑结构可靠度设计统一标准》GB 50068-2018，依据主体结构确定的建筑耐久年限将建筑分为四级：一级耐久年限 100 年以上，适用于重要的建筑和高层建筑；二级耐久年限 50 ～ 100 年，适用于一般性建筑；三级耐久年限 25 ～ 50 年，适用于次要的建筑；四级耐久年限 15 年以下，适用于临时性建筑。

那城市的寿命有多长？如果把城市定义为一个永久的、人口稠密的、具有行政边界的，其成员主要从事非农业的大型人类聚居地的话，只要没有自然灾害、疾病、战争、迁徙等影响人类生存发展的原因，城市总体看是具有无限生命力的，因为它伴随着城市和建筑的不断建设、改造、更新过程。

简·雅各布斯在《美国大城市的死与生》中提到："城市应该被看作一个有机的、互动的、新旧融合下拥有混合功能的生命体。"

生物学把世界看作是由一颗种子生发出来的，在时间中成长的生命体，其中的真实场景包含有混乱和无序。生成过程并非人为制造，也不一定完全遵循特定的发展，而是如同有机体一般，整体和局部有着和谐的复杂体系。

如果我们考察一下人类社会的发展和人居环境的建设发展历程，不难看出，城市和建筑的建设与更新是一个永续发展的过程。这正如人的生命诞生到死亡的过程：先是从受精卵到出生前经过萌芽期、胚胎期、胎儿期三个时期，人出生后经过婴儿期、幼儿期、童年期、青春期、成年期、老年期直到死亡。不同的时代、不同的人在成长到死亡的过程中有不同的出生和经历，所以人生千姿百态。城市和建筑也是不断变化和发展的，呈现出不同的发展轨迹、形态和文化特征。

2021 年全国"两会"将"城市更新"首次写入政府工作报告，在《"十四五"发展规划及 2035 年愿景目标纲要》中明确提出，将"实施城市更新行动"。

2022 年以来，各地都在加快城市更新标准体系和政策体系的研究与构建，超 30 个省市出台了 70 余条城市更新相关政策。与此同时，城市更新成为各地重点项目投资的热点方向，北京、上海、天津、广东、浙江等多地布局城市更新，其中出现多个百亿级城市更新项目。"十三五"以来，我国大中城市普遍由大规模外延式增量扩张向以提质增效为重心的存量运营和内涵式挖潜转变。各地推动城市更新价值理念和操作模式不断迭代升级，形成了政府主导、市场主导、政府与市场合作等多种城市更新模式，但因现有体制机制尚未健全，政策体系尚未完善，部分类型项目资金平衡模式难以形成，项目实施存在诸多困难。

2023 年政府工作报告中 8 个工作重点中有三大方面直接或间接跟城市更新的发展有关：一是 2023 年拟安排地方政府专项债券 3.8 万亿元，加快实施"十四五"重大工程，实施城市更新行动；二是有效防范化解优质头部房企风险，防范化解地方政府债务风险；三是推动发展方式绿色转型。

可以看到，中国已经进入了城市更新发展的重要时期。城市更新工作做得怎么样，是否实现高质量发展，关系着国家伟业和人民福祉。当今全球城市更新具有一定的规律：

第一，城市更新是永续不断的过程。从发展阶段看，城镇化大体经历了"城市化 - 大城市郊区化（城市空心化）- 城市更新（城市复兴）"的发展过程。从发达国家的发展历程看，城市更新呈现如下规律：由拆除重建式的更新到综合改造更新，再到小规模、分阶段的循序渐进式的有机更新；由政府主导到市场导向，再到多方参与的城市更新；由物质环境更新到注重社会效益的更新，再到多目标导向的城市更新。

第二，成功的城市更新特别注重城市遗产的价值。从形式上看，更新后的城市是新与旧的完美结合。从城市文脉与精神的延续上看，各地对"十四五"规划纲要中城市更新行动的解读，都不约而同地提到了"城市乡愁"的概念。农村的乡愁指的是看得见山，望得到水，而城市里的乡愁是人们从小到大的生活环境，这个环境并不是指某一栋作为文物保护的建筑，或者某个地标性的构筑物，而是浸润我们生活的普普通通的居住、生活、工作空间。这里的一砖一瓦一树都会告诉你，这是你的家乡，也就是城市的记忆。就南七里而言，其原址是合肥的重要工业企业——合力叉车厂，旧厂房和带有历史印记的空间承载着城市居民的"乡愁"。它是合肥老市民的共同回忆，具有强烈的感召力。伴随城镇化的高速发展，城市的环境更替导致了越来越多的"失忆"现象。而城市旧有厂房、社区空间格局保留了人们记忆中的元素，可以挽救人们随着记忆流失的乡愁。这也是保留空间遗产的城市更新打动人心的浪漫特质所在。

第三，城市更新要平衡政府、投资人、民众三者的需求。政府是城市更新的规划决定者，投资人是主要实施者，民众是重要的受益者，成功的城市更新要形成三者共同参与的机制。

第四，城市更新彰显设计的力量。如同西方城市更新走过的发展历程，目前中国的城市更新已然进入了有机更新的新阶段：从传统的物质层面拆旧建新式的城市更新，发展到承载新内容、重视新传承、满足新需求、采用新方式的反映新时代要求的城市有机更新。

旧城更新改造的目的不是单纯满足人的幸福感，更重要的是激活城市中心，提供全新的产业和功能载体。近年来，我国片区更新的模式逐渐从"拆、改、留"转向"留、改、拆"，从"点状建筑更新"向"片区整体更新"转变。

城市更新肩负着新时代下城市空间盘活、人文记忆再生、社交活力重塑的历史使命，是实现城市可持续发展目标的核心引擎。

一念灭，沧海桑田，一念起，万水千山……南七里，这个曾经辉煌的地块在这样的时代背景下，在这样的观念大潮中悄然启程……

目录

城市与区块

合肥市，简称"庐"或"合"，古称庐州、庐阳、合淝，地处安徽中部、江淮之间，靠山抱湖、临江近海。合肥在3000余年的建城史中，有2100余年的县治、1400余年的府治历史，数为州郡治所，是江淮地区重要的行政中心、商埠和军事重镇。1952年，合肥市正式成为安徽省省会。

2013年6月20日，合肥发布的"1331"市域空间发展战略规划构筑了新的城市格局，即一个主城区、三个副中心城市（巢湖、庐江、长丰）、三个产业新城（合巢、庐南、空港）、一个环巢湖生态示范区，将形成"主城+卫星城"模式的城市空间结构，明确环巢湖生态保护修复、综合利用发展的新理念。

经过多年建设发展，合肥市如今是国家重要的科研教育基地、现代制造业基地和综合交通枢纽。2016年4月国务院批准合肥市为长三角副中心城市，2017年合肥市获批成为综合性国家科学中心。

在合肥城市建设和发展的浪潮中，南七里适逢其时。一个有丰富历史文化的城市核心区域的建设和发展，不能绕开其曾经的故事，否则，何来文脉的传承？

南七里名字本身就蕴含在合肥城市历史：它是指合肥县衙所在地往南七里的地方。据李云胜主编《庐阳地名物语》，合肥县衙大致在今天的安徽省公安厅和安徽省博物馆位置。虽然历经 600 余年，中间屡次改朝换代，至民国时期已经改为县政府，但庐州老百姓还是习惯称呼其为"县衙门"。曾几何时，那里曾是合肥的政治中心。就像一个辐射状的原点一样，古庐州一切地理上的标注，大都是从这里出发，以安徽省博物馆（1954 年，已经破烂不堪的老县衙被拆除，并建成了安徽省博物馆）所在地的老县衙为中心向四周辐射，合肥东南西北的四个"七里"地名就诞生了。

对于合肥这座城市来说，1958 年是关键的一年。在这一年，以"合肥为皖之中"的理由，人口只有 7 万的合肥被定为安徽的省会。自此，合肥成为中国工业发展史上的黑马、中国工业体系建造的拓荒者，工业厂房如雨后春笋般崛起，一时林立。

南七里位居合肥主城，占据合肥蜀山、政务、包河交汇腹地，是城市发展集大成区域。当年汇集了十几家大型企业，如轴承厂、锻压厂、叉车厂、汽配厂…… 这些企业和数万训练有素的精尖工人为合肥经济发展贡献了无尽心力，建立了不朽功绩，其顶峰时老南七地区的工业产值曾占到全市工业产值的一半，可谓半壁江山。 在这里，诞生了国内第一条汽车、拖拉机覆盖件液压生产线，第一条洗衣机、冰箱快速液压生产线，第一条汽车齿轮轴快速液压生产线，第一台最大的 5000kN 汽车纵梁液压机，以及第一台最大的六工位快速液压机。这众多的"第一"，汇聚成炽热的工业之火，点亮了合肥的天空，锻造了不可磨灭的光辉历史。而这种和工业时代相关的记忆，成为合肥人的城市乡愁的载体，成为南七里区域的历史与文化的沉淀。

物换星移，时代发展。从 20 世纪 90 年代起，随着城市布局的更新，曾经的厂区逐步搬离，工业基地纷纷拆迁。2015 年 5 月 19 日，在合肥蜀山区、稻香村街道的精心组织下，南七里曾经的地标——合力叉车厂原办公大楼合力大厦成功爆破。这一切，都是为了顺应社会的需要和城市发展的潮流，为合肥更好的未来腾退空间。南七里张开双臂，迎接新的生命，新的未来，还有她未来的创造者与建设者……

关于远方的梦想

关于远方的梦想

对未来的希望和关切，让南七里关注到了遥远的北京，并不遥远的南锣鼓巷：这里有熙熙攘攘的人流，有最为热闹的文创，尤为难得的是，这里有古老的北京胡同风貌，浓浓的古都风情和浪漫的现代文旅的交融，修复了一座城市的基因，同时也成就了一桩动人的邂逅。

南锣鼓巷位于北京中轴线东侧，是我国完整保存着元代胡同院落肌理、规模大、品级高、资源丰富的棋盘式传统民居区，也是富有老北京风情的街巷，至今已有 740 多年的历史。根据北京改造旧城核心区的总体规划要求："城市中轴线统领的空间秩序得以重塑，历史街区充满生机和活力，各类文化遗产逐步得到保护与合理利用，整体文化价值得以凸显，国家文化中心形象得以展示"，南锣鼓巷地区环境保护整治项目就是旧城核心区改造的重中之重。

1990 年南锣鼓巷地区因其重要的地理位置、规整的胡同肌理、完好的四合院建筑被列入北京市首批 25 片历史文化保护区。2014 年 2 月，习近平总书记视察北京时，专程来到南锣鼓巷视察，对历史风貌保护和老旧城区改造工作作出了明确指示：南锣鼓巷地区的保护，不仅要对历史文化、有价值的文物进行保护，更要对区域进行整体保护，维护地区风貌的传统特色、文化底蕴和历史价值。

2016 年 12 月正式发布并实施了北京首个关于风貌保护的管控导则——《南锣鼓巷历史文化街区风貌保护管控导则》，并制定文物腾退意见，从直管公房产权性质的文物入手，进行征收、腾退。对于文保院落中开门打洞的情况进行封堵，对文保院内私搭乱建建筑进行拆除。对结构完好有价值的建筑，做到修旧如旧；对破损严重建筑，进行加固修复，还原老胡同历史风貌。按照"腾退、治理、保护、建设、管理、运营"的总体思路，根据打造南锣鼓巷"历史文化精华区"的战略目标，以"保护风貌、改善民生、提升环境、文化复兴"为宗旨，坚持在保护中发展，在发展中保护，全面开展南锣鼓巷地区修缮整治各项工作，进一步探索历史文化街区保护与发展的新路径，实现南锣鼓巷历史文化街区的保护、整治和复兴。

南锣鼓巷地区的保护、整治、复兴计划从 2017 年启动，到 2020 年底，该地区院落规制、胡同环境、整体风貌和居民生活得到实质性改善，实现了疏解功能、降低人口密度，调整空间、补齐发展短板，保护风貌、传承历史文脉，更新业态、促进产业升级，改善民生、提升居住品质五大目标。2022 年 7 月，南锣鼓巷改造获得首届北京城市更新"最佳实践"殊荣。

在南锣鼓巷片区改造中，实现了建筑共生、居民共生、文化共生，共生的概念得到了充分诠释。南锣鼓巷改造创新申请式腾退取得了良好的效果，获得居民的支持和好评：拿出多样化的自选"菜单"，愿意定向安置、货币补偿、平移置换还是留住改善，居民自己说了算。选择外迁的居民可以改善居住条件，同时腾出空间，降低人口密度；选择留下的居民可以通过"申请式改善"，恢复传统风貌，扩大院落空间。

参照南锣鼓巷的成功经验，南七里展开了自己的梦想：是否可以通过引入最为合适的建设方，利用他们成熟的城市更新经验和后期的管理经验，成就最为经典的城市片段，成就合肥城市发展与更新的精彩篇章，成为区域城市更新乃至全国城市更新的典范？

无疑，这样的梦想照亮现实，需要有合适的机缘，需要找到最为合适的、经验丰富的创造者与建设方。

新旧南七里

在相对虚幻的历史重构中，"南七里"可以追溯到 2000 年前的西汉时期，还可以追溯到曾经的庐州府城。

相对真实一点的南七里呢，对于合肥人们来说，那是曾经的公共汽车站牌上的几个简体字，是不用思索就可以知道的市中心南边七里的地方，是人来人往烟火气十足的生活场景；是有些遥远的郊区，也是二环高架桥即将通过的地方。而在今天，这几个字已经成为在人们唇齿间跳动，在人们口耳中相传的时髦代名词……

过去的合肥一环内是城区，出了一环就算是郊区。曾经合肥 1 路公交车的底站就是"南七里"，1 路车坐到头就到了当时省城人眼中的"南郊"。时代的变迁必然带来城市的日新月异，现在的 1 路车底站已经移到南七南边很远的南门换乘中心，工厂区或外迁或直接退出历史舞台：轴承厂变成了安高城市天地，西湖广场和印象西湖住宅区是曾经的锻压厂，汽修厂是现在的万科住宅区，肉联厂成了华邦光明世家与大唐国际商城……南七再也不是过去的南郊，俨然成了一个新的城市区域中心。

南七里承载着无数人沉甸甸的回忆。很多曾经的老职工的故事和经历分享，都极致诠释了那句话："居一厂，过一生；献青春，献终生。"他们对南七这方土地始终如一地保留着难以割舍的深厚依恋。年近 80 岁的陈老先生曾是合肥肉联厂的退休职工，他说："20 世纪 50 年代，这儿到处是稻田，后来才出现了轴承厂、锻压厂、叉车厂等。那时高低不平的马路，车子开过去就扬起一层灰。"陈老先生聊起天来，满满的都是回忆。20 世纪 70 年代被合肥人视作"郊区"的南七里烟囱林立，铁屑、油灰漫天飞扬，每天上下班高峰工人们从厂里鱼贯而出，熙熙攘攘一片繁华景象。

记忆中的老南七里，是合肥人对老城的一份浓浓依恋。当年住在这里的蒋老先生记忆中南七里厂房林立的景象似在昨天："在南七各个工厂上班的人们，内心里是很有优越感的，合肥的工业发展靠谁？靠的就是在南七的我们这些人。"南七里为合肥工业发展作出了巨大贡献，叉车厂、锻压厂、轴承厂、汽配厂……一个个熟悉的名字撑起了合肥工业发展的骨架。

20 世纪 90 年代，南七商圈逐渐成熟的同时，其发展又因"科技力量"的注入再次成为合肥 "名片"，从 1992 年开建的合肥高科技广场，再到后来的黄金广场、百脑汇等，南七被贴上了"IT 商圈""合肥中关村"的标签，一时间风头无两。加上与周边中科大、合工大等科教资源交相辉映，南七里一带成了合肥市科技资源汇聚之处，更是科技创业者心目中的"圣地"。金寨路与望江路交口的百大商业大厦最初是老国企南七商店，在当时的合肥市是数一数二的商业大楼。南七里曾是合肥工业发展的"脊梁"，尽管如今轴承厂、锻压厂等只停留在了公交站牌上，但更多的南七人，已经退休或远离南七上班，却仍守护着那份曾经的温存，这温存的背后不是守旧，而是对老南七再现辉煌的殷殷期望。

合力大厦爆破以及其他一些建筑拆除后，基地现在遗存的一组建筑是 20 世纪五六十年代典型的苏联多跨不等高单层工业厂房，其装配式钢筋混凝土排架结构，具有浓郁的西方早期现代主义风格。这组建筑透着浓浓的属于那个特殊时代的纯朴气息。

霍华德在《明日的田园城市》中写道：一座城市就像一棵花、一株草或一个动物，它应该在成长的每一个阶段保持统一、和谐、完整。而且发展的结果决不应该损害统一，而要使之更完美；决不应该损害和谐，而要使之更协调；早期结构上的完整性应该融合在以后建设得更完整的结构之中。南七里发生的历史事件、南七里留下的特色建筑、南七里产生的市民生活、南七里存储的情感记忆……这些都是属于这片热土的历史和过往。

2015 年 9 月，"硝烟四起"的合肥土拍市场上，南七里地块以 45.51 亿元的总价正式"加冕"拍给了北京金隅集团，消息一出，合肥举城惊动。南七里地块，这片承载着老工业荣光与当下繁华的希望之地，金隅集团进驻开发预示着新起点，也代表了更高目标。

项目位于合肥市蜀山区望江西路与金寨路交口西南角，地处政务区及老城区之间，临近二环路及 G206 高架，前身是合肥起重运输机械厂，后为合肥叉车厂，曾经的"合肥制造"都发生在望江路上，叉车厂、起重机厂、变压器厂、锻压厂、轴承厂都集中在这块土地上，曾经的合肥市地标建筑，地上 15 层，高达 54 米的合力大厦就位于项目场地之内。蜀山南七里曾经是合肥的一个繁荣的工业中心，它给当地居民带来了无尽的繁荣和发展，成为合肥发展史上不可磨灭的一笔宝贵财富。

1958 年成立的合肥叉车厂，是一家拥有 50 余年历史的老厂，曾经只能依靠一片荒芜的土地或者一片稻田来维持运转。随着 1983 年开始引入日本先进技术，在短短几十年间，叉车厂不断推陈出新，叉车产品不断取得重大突破，甚至走向海外市场。南七里的合力叉车厂见证了南七许许多多的历史时刻，对于合肥人来说它不仅是一座工厂，更是属于几代人的记忆。如今，南七合力叉车厂作为合肥重工业发展的一个缩影，随着国内产业的升级转型，不得不向城区外搬迁。老厂外迁后沉寂的老城区又与新的城市生活格格不入，厂房里闲置的破旧设备如今已成为仅存的见证合肥工业发展的遗迹。

在南七里的历史长河中， 2015 年只是一个点，一个短暂的中止符，同时也是一个强力的起始音。在中国城市更新的浪潮中，金隅集团怀着对这片土地的社会责任感，力图深层次发掘其厚重的历史文化，将它小心翼翼地选择、保护并引入南七里的未来的发展之路，使之生根、发芽、开花、结果……

蝶变与重生

一条长相平平的毛毛虫，在树叶上缓缓蠕动，一只色彩斑斓的蝴蝶，在春天的花丛中翩翩起舞……

谁能想起，他们就是生命的一体两相，一种生命在不同时期大相径庭的表达形式？……在蝶变连接的生命流程中，最初蜕变的生命冲动还有记忆，是否会留存在生命的悸动中？……

对于南七里来说，后一个回答一定是肯定的：所有城市的生命与冲动，活力与生命力，都需要在重塑的过程中得到最为有效的保护与留存。保护与发展从来都不是对立的。纵观全球的实践，保护这一概念也是在城市发展过程中逐渐产生的。积极、有效的保护与更新，可平衡历史记忆与现代生活两者的关系，能使一度丧失活力的街区、建筑融入未来城市的运作，从而焕发持久的生命力。

2014 年 2 月，习近平总书记在北京市考察时指出：历史文化是城市的灵魂，要像爱惜自己的生命一样保护好城市历史文化遗产。北京是世界著名古都，丰富的历史文化遗产是一张金名片，传承保护好这份宝贵的历史文化遗产是首都的职责，要本着对历史负责、对人民负责的精神，传承历史文脉，处理好城市改造开发和历史文化遗产保护利用的关系，切实做到在保护中发展、在发展中保护。将文化和遗产保护与城市发展结合，是所有具有悠久历史和文化传统的城市及片区的发展精要。

通过实践探索，近十年来逐渐形成了历史城市保护与传承的中国模式，"在保护中发展，在发展中保护"成为共识。在中国的大规模城市更新中，城市的保护与文化传承是增强大众文化自信的重要途径，也是带动城市高质量创新发展的新引擎。

因此，如何在保护建筑的工业文化基因的前提下使其重生，为老一辈的南七人留住记忆，让新一代的年轻人对过去的工业发展有更加直观的感受，记住这座城市曾经的荣光并引以为豪，也让南七这个城市片区焕发新的城市生命力，是决定这个项目未来发展的首要问题。

项目的初衷是重现合肥这座城市标志性的工业历史记忆，为这个承载着合肥市民情怀与期待的地方注入新生的力量，结合文化产业的发展和旧厂的重生规划，让这里的人们再一次感受社会的进步和温暖、工业文明的发展和记忆。

为此，建设方携手规划设计团队共同研究，就如何协调好南七里的保护与开发寻求融合创新的思路：一方面延续工业时代的手法，保留下城市的记忆，重点凸出原有历史的文化；另一方面充分发挥地段最大的综合价值，植入符合时代的新功能，重生旧厂房的价值。团队遵循"在保护中发展，在发展中保护"的原则，力图将南七里创造为集高端住宅、商业中心和文化创意区为一体的作品，打造出近百万平方米的城市艺术复合体，让南七里在合肥的城市更新浪潮中蝶变重生。

与城市的融合方式的探索是城市从旧到新演变过程之中的关键课题。"旧即是旧，新亦是新。"不同的城市模式意味不同的生活方式，而生活最需要的便是沟通与联系，南七里项目便是在城市发展中寻找"新与旧"的另一种共存方式。对老建筑和老城市风貌的尊重是介入城市复兴的基本条件，每个时代里城市的生长有不同的表现，城市改造也不是一味地翻新重建，复古与复兴也不仅仅停留于对城市的态度，更要多一份关注，多一种考量。

复合的开放

复合的开放

1933 年，柯布西耶针对工业革命后城市的无度扩张、郊区化带来的一系列问题大声疾呼："要生存，城市要给人快乐。"他说：对所有人来说，无论是居住在城市，还是乡村，房间里要充满阳光，透过玻璃窗，可以看见天空，一走出户外，就能接受树木的荫蔽。在《光辉城市》中，柯布西耶写道："基本的快乐，在我心中意味着阳光、绿树和空间，无论在心理上还是在生理上，都让人这种生物感觉到深层次的愉悦。只有它们能将人类带回和谐而深邃的自然疆域，领悟生命本来的意义。"

每一个时代都有不同的历史使命，城市的发展也是如此。全球领军城市（如伦敦、纽约、北京、上海等）的发展经历了从制造业主导期、服务业和金融业主导期、多元产业发展期的演变，全球城市升级窗口期不断缩短，并推动功能迭代加速，赋予城市更新更多复合多元的内涵。

2016 年 2 月 21 日《中共中央 国务院关于进一步加强城市规划建设管理工作的若干意见》提出：我国新建住宅要推广街区制，原则上不再建设封闭住宅小区；已建成的住宅小区和单位大院要逐步打开，实现内部道路公共化，解决交通路网布局问题，促进土地节约利用。这个意见中，政府打造城市街区的思维导向，是对城市建设自上而下的反思，而非简单的对城市小区模式的描述，"拆围墙"可以看出政府对丰富、多样、活力城市打造的重视，尤其是对开放街区建设的关注。我国城市住宅历来都是大规模集中开发建设，小区开发得美轮美奂，但是城市街区却失去了活力和魅力，住区和城市相互割裂。城市街区是构成城市最基本的单元，是城市赖以生存和发展的基础，作为联系街道上的公共空间、院落等人居生活的中介，街区可以使社区的空间状态得到良性循环，整体上形成具有生机的人居生存环境。

"十四五"规划提出"转变城市发展方式"，"加快推进城市更新，推动城市空间结构优化和品质提升"。政府和越来越多的专业人士意识到以开放、共享、多元、复合为理念的城市有机更新，是推动全球城市不断保持活力、实现可持续发展的关键。不同于传统的大拆大建模式以及传统的住宅快销开发逻辑，城市更新应以"人"为核心，是城市有机体自我生长迭代发展的必

然过程，是城市核心区通过新产业、新功能、新业态导入，从而优化符合现代生活品质要求的功能载体，提高存量资源利用效率，为城市发展注入时代活力，推动城市可持续发展的持续过程。

全球领军城市的发展具有共性——在核心区域重塑城市气质。纽约华尔街是塑造"纽约金融梦"，上海陆家嘴的口号是开放、金融。

城市更新的内容已经不仅仅是载体的改造，以开放、共享、多元、复合为理念的城市有机更新，是推动全球城市不断保持活力、实现可持续发展的关键。吸引领先人才是城市发展的核心引擎。在新经济产业快速迭代和竞争发展的背景下，人口吸引力是城市发展必须面对的命题。工作与生活场景的交织和人群社交空间的多元活跃需求决定了城市发展需更加注重对于在地职住关系和社区构建的思考。同时，基于城市文化的深厚积淀，城市核心区同样是对外展现城市特色的重要空间，因而城市核心区承担着城市文化魅力彰显的重要使命。构建活力四射、多元共融的城市核心区是世界级城市未来发展的重要趋势。

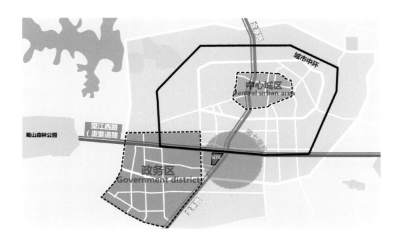

构建产业生态：城市经济发展正在由要素驱动向创新驱动转变，以科技新媒体等为代表的创新产业正在呈现强劲的增长势头，并已在部分城市商务区成为继金融业、专业服务业和商贸业等传统主导产业之后的核心产业增长极。通过对城市文脉的功能活化，丰富区域空间载体，推动区域复合化和特色化，从而构建产业生态体系，将驱动城市产业功能不断升级。在此基础上，需面向创新产业导入，适配产业办公载体及配套微观需求，完善优化区域配套，构建完整产业配套体系。

驱动多元复合：在城市更新发展的背景下，传统的粗放型外延式发展模式已难以持续。在土地价值与城市容量的双重压力下，集约型内涵发展成为必然趋势。集约化发展并非将每一寸空间按照原有的利用逻辑进行高密度的堆

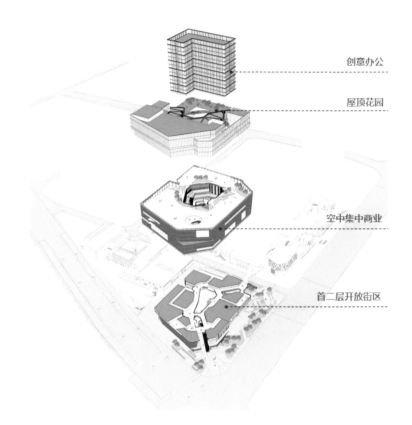

创意办公

屋顶花园

空中集中商业

首二层开放街区

砌。在核心区赋予多元城市功能和复合的生产生活环境，构建城市休闲、社群交互、教育、运动娱乐、旅游观光等多元空间，从而适配不同社群、不同客群的新型生活方式诉求，是彰显城市活力、推动人才集聚的重要手段。同时，通过公共空间的串联，一方面实现载体、功能和城市基础设施的联动，另一方面以内容为抓手，将人的情感通过公共空间进行传导，真正实现人与人之间有形和无形的连接，构建社群网络，塑造城市的活力内核。英国伦敦国王十字车站区域就是以多元复合功能集聚的理念取得了良好成效。针对区域高端人才的高品质消费及文化需求，国王十字车站区域除办公与居住功能外，充分利用在地文化遗产与公共空间打造极具特色与调性的商业、文化及休闲娱乐功能。

赋新城市文脉：时间赋予城市魅力。城市不同发展时期保留至今的历史和文化符号具备不可复制的文化价值。城市更新过程中，如何活化和再利用城市文脉，彰显城市内涵，撬动和传递城市文脉的价值，是城市更新区别于新区建设的重要使命，对城市发展有着不可估量的意义。城市文脉的复兴和传承，不应该仅仅停留在单一的文化展示、展览和回顾上，而应该基于文化积淀，结合新时期的城市发展使命，与城市功能进行充分交互，通过新产业、新功能和新业态的导入，构建新型城市功能体系，实现真正意义上的城市文脉赋新。将历史记忆与生活方式结合，将产业文脉延续和升级，将城市功能延展和扩充，形成多元、复合、升级的城市有机空间，更能有效地赋能历史的时间价值，兑现历史文脉的未来价值，激活城市文化新生。

激活城市空间：城市空间是生产及生活的载体，是城市的核心资产。城市更新赋予城市重塑商务空间、居住空间、商业空间及公共空间的机遇，是区域价值提升的重要驱动力。城市更新的目标是通过放大城市空间推动创新要素聚集，打造符合新兴产业需求的办公楼宇、研发中心、中试孵化空间等，并营造开放自由的工作环境和活跃平等的社交氛围，加速创新人才导入。城市空间的价值在于服务人的生活，复合化的城市空间满足社群的复合、综合需求，改变传统街区的单一性，通过业态平衡多样可满足全龄阶段多元消费层次。利用多种建筑手法及立体交通，从建

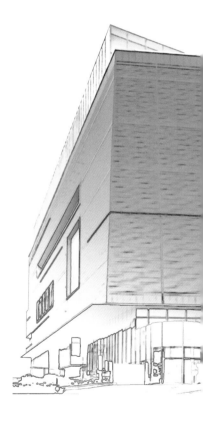

筑空间上完成横向功能与纵向功能的双重混合。

城市更新助力城市公共客厅场景营造：伴随城市快速发展，城市核心区在集中高强度发展阶段已形成高人口密度格局，市民的城市公共空间也相应被压缩。城市更新通过对城市"金角银边"空间的设计，激活未被利用的城市空间，将绿色廊道打造为城市空间的纽带，成为融入城市肌理的新空间，形成城市丰富切面，构建彰显特色魅力的城市公共客厅，进一步激发城市活力。

整合交通价值：在城市扩大发展的过程中，新区往往同步采用更高的规划标准、更新的发展理念，在基础设施建设时兼顾多层次交通体系的构建，包括地面宽敞的城市快速路网、地下的轨道交通线网、空中的二层慢行系统等。而城市核心区作为传统老城区，街道尺度相对更小、更宜人，但由于发展历史悠久，基础设施相对落后，缺乏立体多层次的交通体系，在很多区域，车与人在地面抢占空间，交通效率低下、体验感较差。因此，在城市更新的过程中，应注重多层次交通体系的构建，通过"小街区 + 快慢行分离 +TOD 复合开发"三大理念，由旧有的 2D 交通体系向 4D 交通体系转变，全面整合交通价值，充分融合商业功能，提升区域的交通效率与城市活力。

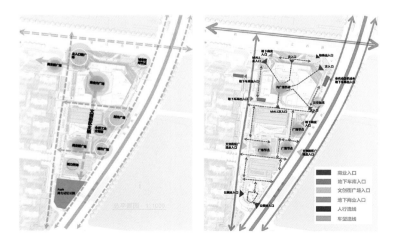

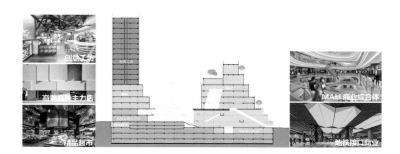

对于合肥城市发展，南七里是合肥发展从老的工业化厂区到现代城市化更新发展转型的典型代表，具有重要的示范作用。老的南七里曾经是 20 世纪城市工业化发展过程中各个厂区如叉车厂、锻压厂、轴承厂、汽配厂等大片产业聚集区，缺少交通联系，相互之间都被割裂。新的南七里对原有大片的厂区用地进行切分重构，分成若干个小尺度地块，形成现代城市的街区肌理，打开老的城市的封闭空间，疏通城市的毛细，在原有金寨西路和望江西路交通干线的基础上，通过小街区路网构建交通的毛细血管，实现城市空间由封闭到开放的转变；同时在新的街区空间的肌理上，构建了地上及地下的串联步行交通连廊，形成了新的交通复核空间体系。这里成为城市人流的汇聚地和公共空间，激发了街区活力。南七里对区域城市再次复兴具有重要意义。

建设方同西迪国际等优秀的研究、规划设计机构合作，紧随国家大政方针，以国际化的视野，基于众多实际开发项目的落地性实践，同当地政府共同研究和建设，形成了一套良性有效的合作开发形式和运作经验。高瞻远瞩、强强联合的优势，一方面能够在项目实践的过程中紧密结合未来的城市发展导向，从最基本的城市界面开始思考，精准定位区域所应展现出的文化、历史、商业特色；另一方面能够把宏观的城市规划和微观的产品设计紧密连接，打造出最适宜人们生活居住，最强调产品新体验、城市建设最优化的开发与城市更新项目。正是基于准确把握南七里的场所精神，其发展目标精准定位于为：一个生机勃勃的南七城市综合体。

潮汇南七里　街开见繁华

想象与记忆

德国思想家汉娜·阿伦特在《人的境况》中写道：世界就像把人们聚拢在一起的一张桌子，让人们既相互联系又彼此分开。人们渴望在城市中看见彼此，渴望呼唤新的联接，超越年龄、经验、界限，超越个人的孤独和城市森严的壁垒。因此当建筑师站在使用者的角度去设计和构筑时，便会尊重建筑的生命感，并合理利用现有的规则与条件去实践当地都市生活业态的可能。人们来这里发呆、休闲，坐在窗边的时候，在屋顶散步的时候，匆忙路过的时候，怎么感受建筑透进来的光线，怎么感知它的温度、它的肌理，它的功能等才是最有生命力的部分。

南七里项目除了自身工业遗存的场所精神和历史记忆，由于所处位置，还具有交通边界、人口集中、科教氛围等方面的巨大优势。南七里位于合肥主城蜀山区核心区位，地铁 6 号线上盖，城市南北向主干道金寨路与黄金中环望江路交汇口，地铁 + 城市主干线的组合路网无缝接轨合肥各城区，为构筑城市级商业综合体提供了充分的交通支撑；周边 3 公里范围覆盖常住人口近百万，且有近百所医院、企事业单位、高等院校、中小学、幼儿园等机构，这为项目打造城市级商业地标奠定了独一无二的基因与多维客流的基础；邻近合肥综合性国家科学中心教育科研聚集区，更是占据"科大硅谷"前排——"科大硅谷"将打造成汇聚各类优秀人才，成为极具活力的年轻人群的聚集地。

怎么才能创造一个生机勃勃的时尚南七综合体呢？杨·盖尔在《交往与空间》中谈及："户外活动的内容和特点受到物质规划很大的影响。通过材料、色彩的选择可以在城市中创造出五光十色的情调；同样，通过规划决策可以影响活动的类型。既可以通过改善户外活动的条件创造出富有活力的城市，也可能破坏户外活动的环境，使城市变得毫无生气。"

城市在去旧更新的过程中如何保留不可替代的特殊记忆，是当今时代的重要话题。南七里项目对此作出了别开生面的演绎。项目规划设计延续工业时代的手法，全面发挥区位地理优势，在商业、住宅以及文创三个大的规划方向上，既保留城市的记忆，也植入符合时代的新功能，重生旧厂房的价值，最

终打造出高端住宅、商业中心和文化创意区合为一体的产品，成为城市艺术的复合体。在老建筑上加上新的东西，保护历史建筑原态，不做协调融合，直接形成强烈对比。金隅集团规划设计团队对城市建设从旧到新的转变的思考，也是对土地历史和城市文化的尊重，对营造多样性的活力城市空间的实践，探索实现真正的城市复兴。同时，凭借国际化的视野和对新科技住宅的追求，力求创造出符合特定阶层生活需求的品质社区。这些社区可以体现当代住宅的性能革新，同时引入先进的科技智能，强化尊重人本，热爱生活的人居环境革新和生活体验。设计应用 TOD 理念，即以公共发展为导向的发展模式，来解决城市单一发展和分散发展的问题，着力塑造城市多样性空间，打造国际化社区。并且植入精致化特色商业，形成强大磁极，塑造艺术化的核心，从而创建出国际化形式的城市潮流生活风貌。

基于上述优势条件和前瞻性的高品质规划设计理念，南七里项目一方面延续工业时代的设计手法，以保留城市记忆，重点突出原有历史文化；另一方面则秉承"发挥地段最大商业价值"的设计理念，植入符合时代的新功能，重生旧厂房的价值，形成集高端住宅、商业中心和文化创意区为一体的产品，打造出近百万平方米的城市艺术复合体。

南七里项目从整体的定位和格局，到不同地块间的空间塑造、城市街区尺度的推敲、街角表情的统筹等课题，均在开发前进行了深入的研究，在建设中进行了有效的实施，因此，项目具有多样性的功能和风格造型，塑造了开放性、宜居性的空间环境和城市肌理，在有限的产品当中打造城市的多样性，创造魅力十足的城市中心。

想象与记忆，在这里融合。

正如美国建筑师和建筑历史学家塔尔博特·福克纳·哈姆林在《建筑之美》中所写：尽管建筑规划主要是表达建筑效用和建筑强度的问题，但是人们不能想当然地认为，一名建筑师在构筑建筑规划的时候是工程师，在他装饰构图的时候才是艺术家。真正的建筑师，往往既是建筑工程师，又是建筑艺术家。当他们忙于做建筑规划的时候，心中必须时刻保持着艺术想象力，这样，他们的建筑规划才会完美。而且，当他进行装饰构图的时候，还要始终保持着建筑的结构感，这样才可以让他的作品免于杂乱，避免出现不协调的情况。

南七里正是以文脉记忆和想象创新，把高端住宅和商业综合体完美地衔接在一起。以南北走向的南望街为界，南七里西侧为高端住宅，北侧临街部分及东侧为商业综合体。

高端住宅
南七里的高端住宅雅称南七府，由以市政道路自然分开的三个组团组成，分别是御水园、澜山园、翰墨园。以新中式结合安徽人熟悉的徽派元素，以及庐州地区部分特色来打造项目景观，以"徽州山水间，若隐南七里"作为整个设计主题，呈现一轴三园三堂八景的格局，为合肥市民提供一个改善型、有文化底蕴的高端社区环境。

御水园以新中式水景为核心，营造四水归堂的雅致景观；澜山园以富有文化寓意的植物营造金玉满堂的诗意景观，翰墨园以曲水流觞、禅意花园营造大雅之堂的精致景观。住宅南侧配备幼儿园、稻香村小学，为业主子女提供就近入学的方便。南七府的住宅设计和景观营造无处不体现浓厚的传统文化底蕴和书卷气息。

商业综合体
南七里商业项目始终秉持着与城市共生的发展理念，以老厂房的"保存－继承－焕活"为基调，塑造富有历史文化和生活情感的"南七记忆"的深厚内涵，再叠加"文创"街区理念，进而促进工业厂房、商业消费、文化文创进行深度融合，形成具有文化性、趣味性的特色商业消费空间。南七里创造了合肥市中罕有的 Mall+ 街区复合型商业空间，不仅拥有 13 万平方米的购物中心板块，还拥有 2.4 万平方米的文创街区，项目旁还有 4.2 万平方米时尚街区，形成一个面积约 18 万平方米的商业集群。这个充满活力的时尚商业集群将完善区域商业版图，引领商圈焕新升级，为周边高校、科研院所、住宅小区提供更优越的文化休闲购物场所。

文创街区

在传承文脉和体现现代人心灵归宿方面，主要做法是规划建设创意文化街区，以此形成设计品牌和城市形象。并且在未来的城市进程中，还将更加重视对城市企业文化旧居的保护性开发，同样是以工业文明的建筑元素作为灵感点缀，建设出前所未有的工业主题文化创意街区。

为改善当地人居生活水平，在保留原有旧建筑的基础上，设法添加新的理念和功能以契合人居基本需求。在引入文化创意业态的同时建设出创意文化街区，重生旧建筑及地方区域的价值。这样不仅可提升城市发展的进程，也加大了对现代人居建设的保证，设计者们积极参与城市更新与建设，为最后实现当代城市的复兴而努力。

南七里的重生一方面延续工业时代的设计手法，以保留城市记忆，重点突出原有历史文化；另一方面则注重空间与城市界面的对接与融合。在城市发展的进程中，对老厂房、老建筑的保护性开发，可以让一座老城市迸发出新的灵性与激情。

南七里精心规划，保留了热锻车间等几座老厂房，着力打造合肥第一座以

一层平面

二层平面

工业为主题的文化创意街区。破茧而出的南七里热锻车间，以合肥 20 世纪 60 年代的工业厂房为基础，进行保护性开发设计，在原有的工业风建筑中注入现代感的内涵，为合肥呈现出一个具有历史年代感与新时代气息交融的场地。

文创街区是工业遗产在"在保护中发展，在发展中保护"理念下绽放灿烂光芒的核心板块。保留的部分工业建筑形态，以多种建筑形态的共生展现旧与新之间的张力，从而创造出真实贴切的城市历史新体验。目前的工业改造项目多限于原封闭厂区范围内，内向进行城市空间的重构，在这里设计思考了这样几个问题：怎么打破与城市之间的封闭关系？原厂区怎么融入城市空间？如何给传统厂区带入当代时尚舒适的生活元素？

在文创地块的设计上，除却传统的文化产业规划，项目十分注重空间与城市界面的对接与融合。该地块是合力叉车厂旧址，也是望江西路仅存的工业厂房。为使厂房园区重新焕发活力，拥有层次分明的空间结构、导向性的趣味空间、合适的纽带串联，项目通过新建建筑、轴线和节点重组街区空间，并引入特色购物中心、创意餐厅、秀场、音乐咖啡书吧等文化创意业态，同时在保护建筑原态的基础上，利用新材料和新形式来丰富立面，建造全新的文

三层平面

四层平面

化创意街区以及都市活力秀场，充分表现城市的开放性、空间的多样性特点。

金隅集团在尊重土地历史和城市文化的基础上，以"延续工业记忆、发挥低端最大价值"为开发理念，保留原有3座老厂房及其工业文化元素，通过"新"与"旧"和谐共生、相得益彰的规划手法对园区空间进行重组改造，将封闭的、老的工业厂房园区纳入开放的城市空间，以小街区的形式，使其成为容纳现代商业各种业态、承接现代城市活力的多样性空间。为了不破坏老建筑的整体结构，实现从旧到新的转变，直接在老建筑上加入新时代元素，使传统的细腻与温暖和现代的大尺度与骨感、传统的红砖木质与现代的冷色金属相互映照，凸显传统的厚重，给人以视觉以及精神冲击。

南七里项目在选址和建设初衷上都是地标性的。场地中布置着6栋建筑，建筑结构是20世纪五六十年代典型的苏联多跨不等高单层工业厂房，装配式钢筋混凝土排架结构，具有浓郁的西方早期现代主义风格，高耸的北向天窗、斑驳生锈的钢铁屋架，清晨的阳光从巨大的通风天窗照进来，投射在斑驳的红砖墙面上，漂亮得像一座"宫殿"。最大的厂房1号厂房位于厂区东北角，是当时的热锻车间，长71米，宽51米，18米挑高空间，平面呈长方形。墙体为苏式红砖，屋顶中间设南北向采光通风天窗。厂房南、

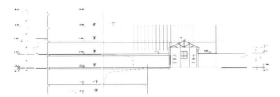

剖面

北向各开六门，北向所有门已用砖封闭，东西向各开一门。5 号厂房建筑长 72 米，宽 36 米，12 米挑高。4 号、6 号为砖混结构楼房式建筑。建筑是二层筒子楼，早期为单身宿舍，长约 50 米，宽约 10 米，平面呈长方形，水泥外墙，建筑东西相通，楼层中央设楼梯，东西两侧设外置楼梯。3 号建筑红砖外墙，歇山顶盖红瓦。建筑东西相通，中央设置共用厕所、盥洗室。

项目的设计主题定为"和平和家园"，用"叙事性"组织出情感性场景空间，在场地里呈现出两种连贯和谐却又有所不同的气质，唤起老一辈南七人的记忆，更重要的是让后人铭记这段历史，从父辈手中接过旗帜，接过那同样深植于血脉中的"救国家于危亡，拯人民于水火"的家国情怀和使命，使南七里成为一代又一代青年成长道路上的精神坐标。

老厂房蕴含着浓厚的红砖情节。20 世纪初的中国建筑依旧用一种手工压制的青砖，由于烧制技术的落后，砖内部的气孔吸收潮气，对房屋有极大的损害。而苏联机械压制的红砖是用黄黏土配砂子靠外燃烧结法，质感和成色红润，烧制时间长，温度高，降温合理，表面有一层厚厚的釉，坚如硬石，并且通过调整工艺可以呈现出各种想要的颜色，70 年代后靠外燃烧结法工艺生产的红砖逐渐消失。今天以黄黏土配炉渣和煤矸石产生自燃的烧结法生产出来的红砖远远不如当时的红砖。

 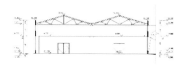

剖面

在当时，这些每块都精细地包着硫酸纸、拓印着工匠姓名和生产批号的红砖是 20 世纪初工业文明的象征，当它们整齐排列用火车运到中国的时候，每个中国人都翘首以盼，因为它们是中国未来工业的火种和希望。就这样，一座座象征着热情和阳光的厂房在中国拔地而起。

在老合肥人的观念里，工业的红火曾是南七里最引人关注的特征，在过去的那个时代，因为各种基础设施的建设，还有大量外来人口的迁移，"南七商圈"的概念在合肥开始成型，并逐步繁荣起来。后来，随着旧工业文明的更替，新工业文明的崛起，老城市的旧工厂也渐渐完成了它的使命，但这里大多苏式风格的旧厂房还完整保留至今。

南七里积极扮演城市文化倡导者的角色，将保留的 3 座老厂房重新改造出发，定位公共文化艺术空间，并沿用"热锻车间"之名，让厚重的工业情怀与现代文明气息交融碰撞。

1~5 号厂房部分以"家园"为主题，利用工业建筑原有的形式，最大限度地保存历史的美感，只做简单的空间取舍，在整个厂房的空间规划中，保留 1 号、2 号、3 号、5 号、6 号厂房，拆除质量并不理想的 4 号、7 号厂房。保留建筑之一是热锻车间，位于望江西路 1 号，曾是合肥叉车厂 10 号、

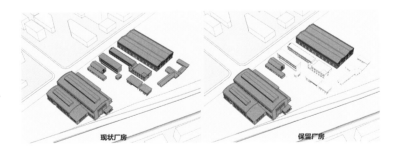

现状厂房　　　　　　　　　　　保留厂房

20 号、30 号厂房，钢筋混凝土框架结构。10 号厂房 4 层，20 号、30 号厂房 1 层。10 号厂房为机电修理车间，20 号厂房为热处理车间，30 号厂房为电镀车间。3 座厂房主体外观均为红砖砌以部分灰色水泥抹面，风格统一，是 20 世纪 50 年代工业建筑的典型代表。该历史建筑被合肥市人民政府于 2018 年 5 月 25 日挂牌公布。这样的历史场景和画面，还原了合肥南七里区域在工业文明时代的历史与文化，保留了不可替代的时代记忆。

在"家园"主题中，将核心景观空间的入口布置在 2 号和 3 号厂房建筑之间的轴线上。这样不仅为建筑组群梳理出两条商业交通流线，同时在景观空间感受上先营造出"奥"景，为随后步入整个庭院空间的"旷"景埋下伏笔。3 座保留厂房与加建建筑的围合形成一个内向院子，情感体验的顶点由"实体"的新旧建筑围合出来的"虚空"的院子来承载，静谧的氛围为人们提供了随意想象的空间。

展示中心以"空 · 间"为名，斑驳的红砖墙经过翻新加固，12 米高挑高的场地被打造成 3 层的艺术空间，与金属、玻璃元素结合，形成强烈对比，使红砖墙体能呈现出丝缎质感的柔软效果，这也是对过往的纪念。

这些保留的建筑，以全新的面貌展示在世人面前，可以承载城市活动举办、文艺演出、文创发布等功能，将城市的历史文化融入当今的改革大潮中，融合科技与人文，融合文化与体育，融合文化与旅游，更融合历史与未来，融合记忆和想象。

南七里设计应用 TOD 理念，即以公共发展为导向的发展模式，来解决城市单一发展和分散发展的问题，着力塑造城市多样性空间，打造国际化社区。并且植入精致化特色商业，形成强大磁极，塑造艺术化的核心，从而创建出 Bingo Show 等国际化形式的城市体现风貌。

南七里的老厂房改造不同于 798 等类似的封闭创业园区，而是建立在开放的城市界面之上，多样性空间使其具有自身的独特活力，发展过程便不会与城市分隔。建在老厂房基础上的展示中心，充分结合了南七里的历史特点，具有独特的时空美感，让想象与记忆在这里融合。传统红色砖墙的暖意厚重与现代大面积玻璃、金属板材的骨感相结合，没有丝毫折中，以极致的对比毫无保留地展现其价值，彰显着建筑的时代感与现代感；小街区作为现代商业载体，充满时尚活力与人文气息，与开放的城市空间无缝衔接；重新判定城市的新与旧，重识建筑与城市的关系和关联，把原来封闭的厂区合理转化变成丰富的城市空间和多元商业空间；以建筑进入厂区内外，以商业空间联动过去和未来，以建筑介入社区的互动与交流，增加厂区的开放性。

为使厂房园区重新焕发活力，拥有层次分明的空间结构、导向性的趣味空间、合适的纽带串联，合肥南七里通过新建建筑、轴线和节点重组街区空间，并引入多业态城市综合体，同时在保护建筑原态的基础上，利用新材料和新形式来丰富立面，建造全新的文化创意街区以及都市活力秀场，充分表现了城市的开放性、空间的多样性特点。

文创街区灵感空间、漫步式都市艺文区。文创街区以景观＋历史＋建筑＋文化为该片区提升国际级品质提供了良好的想象空间，打造能唤起合肥人记忆并重新创造商业价值的文创主题园区。文创街区以 Live house、文创、书店、演出、品牌发布等内容，满足城市中坚与商务精英新文化体验、休闲的社交需求。

这里是合肥第一个以工业为主题的文化创意街区，与北京的文创产业区798、成都的锦里等全国知名文化创意街区对标，这里将迎来崭新的合肥人，引领合肥的新的文化潮流。

购物中心

商业区对品质要求较高，开发规模大、强度高。地块之间通过规划串通打开，形成面向城市开放的空间，同时利用地形高差、多首层的设计手法，建立多层次、多等级的商业公共空间，达到商业功能业态分布的合理化，提高该区域的商业价值，创建一个集文化、时尚、艺术于一体的活力街区。商业街区将打造"一条主街，多条辅街，多元化广场"序列。结合下沉的地面广场，提供观演、聚会和交流场所，实现人流、办公挑空大堂与地下商业街的串连。

利用地形创造丰富的空间

地块南北高差最大 5.82 米，东西高差最大 3.03 米。沿望江西路西高东低，沿金寨路南高北低，望江西路和金寨路交叉处是地块最低点。在设计方案利用北侧望江西路东西方向的高差，在 A06 地块设置从地下一层平进的商业街区，地上和地下双首层行车的商业动线，同时结合地形高差设置下沉广场，增加地下的商业价值，同时在二层用步行连廊串联商业空间。07 文创地块和08 地块均呈南高北低、西高东低的态势，在空间设计中，随形就势，利用高差营造出一系列富有动态变化的空间形态。通过扶梯、步行台阶对不同高差的空间进行连接，减少了平面空间带来的呆滞感，给人以丰富的空间体验。

多首层设计

商业综合体利用地形高差，从不同入口进入不同楼层的商业空间，另外地下广场也形成了商业空间的入口，这种设计手法创造了多个较大人流量出入口，即创造更多的可以直接进入的楼层来吸纳人气，推动商场的消费，使多个楼层成为极具商业价值的首层空间，最大限度地提升商业空间的价值。多首层的设计方式一方面通过运用垂直高差手法分隔空间，取得空间和视觉效果的变化，打破了巨大空间的空旷感和视觉的单一感；另一方面通过将地下一层和地面二层首层化减小地下空间逼仄感，引导人流进入下沉商业，同时提升地下一层和地面二层的商业价值。

南七里的地势高差为建筑设计提供了便利，可以让建筑充分利用原有的地形地貌，增加建筑的层次感和多样性。设计师利用多元的设计手法，打造了"上行、平行、下行"三种不同的城市界面，在设计方案中，02地块的时尚街区和06地块的商业综合体采用了"上行、平行、下行"三种不同的交通动线设计：上行主要指二层商业步行连廊串联二层商业空间，平行主要是地面开放街区流线，下行主要是结合地形高差设计的地下平进商业和下沉广场。结合地形高差打造现代商业综合体复合交通体系，既增加了建筑立面的变化，又提供了新的交通解决方案。新老建筑的街区空间重组串联，形成地下、地面、地上的复合街区交通体系，激活城市空间，在疏散人流的同时，也丰富了景观表达。基于对老城区的尊重，金隅南七里用现代设计手法诠释新城市主义，不仅表现了对过去的思考，同时还包含着对现在的理解以及对未来的想象，这代表着一种新的建筑尝试，实现了"旧"与"新"的完美融合。

南七里购物中心是创新引领、探索式潮流圣地。城市有界，玩无界；居所有界，美无界。南七里是一站式集合创新零售、跨界融合的无边界店铺，引入地区首店、旗舰大店、跨界复合，优选经典集合，满足有消费力、消费理念时尚的年轻族群的时尚购物及娱乐需求。

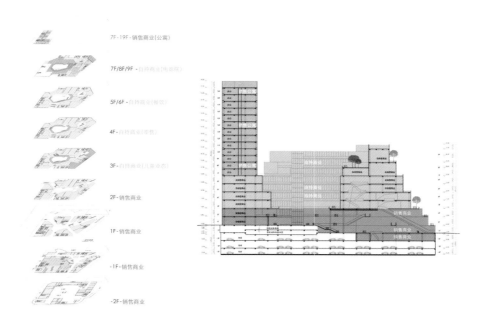

7F-19F - 销售商业(公寓)

7F/8F/9F - 自持商业[电影院]

5F/6F - 自持商业[餐饮]

4F - 自持商业[零售]

3F - 自持商业[儿童业态]

2F - 销售商业

1F - 销售商业

-1F - 销售商业

-2F - 销售商业

创意办公

在追求个性与审美的时代，南七里创意办公空间的到来突破"办公室"这个词语的传统乏味，也让这座城市那些天马行空的创意机构有了安身之地。对于每一位有梦想的潮流新秀，创意办公业态的存在无疑可以激发更多可能，无论是网红直播间，还是私人工作室或是主题民宿，都可以在这些小而精致的空间里实现自己的创意理想和自由，尽情展示自己无穷的创造力。创意办公可以根据客户的需求打造成各种适合自己的场所，它可以是一个成全意趣爱好的小空间、一个小型的私人影院、一个小型的个人图书馆，收藏自己的所有爱好，它还可以作为私人的健身房，用运动排解所有生活的疲惫与不快。

看见的世界
是你的样子

SPACE

时尚街区

金隅·南七里打破传统商业模式，结合城市公园，传承文脉，形成文化艺术高端商业业态及家庭主题性商业业态。从塑造主题商业空间来看，提升了合肥区域的城市形象、增加了城市的活力；从专业性规划设计角度讲，在结合场地高差的同时，塑造了丰富的城市空间层次。

南七里时尚街区又称为南七汇，是优享生活、欢聚式烟火市集，重点打造生活方式、社交餐饮、夜生活集市、娱乐体验。以"精致生活-FOR BETTER LIVE"为主题，打造欢聚式共享市集，"小而暖"的定位打造属于"现在"的美好时光。满足周边居民、年轻客群及大学生客群品质生活及体验需求。

景观环境

一座拥有独特文化标志的城市，其景观不仅应展现出当地的特色，而且应与建筑形成完美的融合，象征当地的形象和品牌，同时也为消费者提供多样的体验空间，以满足商业环境的需求，营造出一种充满幸福感的商业氛围。城市更新的进程中，人们看到的更多的是墙体、铺装、屋面、门窗等硬质的改造，它们相对速成。在高楼林立的空间当中，大众还是很期待能看到一抹植物的青翠，沉浸在清风徐徐，芳草清新，树影摇曳，光迹斑斑的气氛中，漫步在城市商业集群里，与植物相遇是舒适的，是轻盈的，是与自然亲密接触的放松。南七里舒展的树木、精致的花草辅以起伏错落的微地形，形态简约、气度优雅，满足使用者对于自然的向往。

南七里的景观植物和建筑环境和谐共生。在前期规划设计中预留了较多区域的景观空间，大面积的绿化多采用几何形状雅致的树池，小型绿化则以点缀的方式呈现，例如在建筑物拐角处设置景观乔木及灌木。室外的草坪沿路边设计景观小品与绿植相互呼应。在硬质墙面和路面之间增加了很多自然的元素。商业街中的不少绿地还加入了微地形的设计手法，整体形状打破了空间中尖角和直角的单调，加入了弧线、倒圆角等细节处理，使得整体观感更加柔和。街边为路人休憩设计了石凳，与绿植和微地形共同形成商业街区临时的休憩之处。南七里景观与建筑融合为一个和谐的整体，丰富的空间变化呈现出步移景异的效果。

合肥金隅·南七里以"一条景观主轴"串通三个社区景观构架；"两条林荫大道"贯通商业街区、绿地以及社区；"三个公园节点"为社区以及商业街区增添趣味性。这样的区域环境设计融生态、文化、科学、艺术为一体，符合当代人对环境综合要求的生态准则，也能更好地促进区域人居的身心健康，陶冶人们的情操，提高人们的文化艺术水平、社会行为道德水平和综合素质水平，从而全面提高当地人民的生活质量。

景观可以让顾客感到亲切和温暖，是商业街区中不可或缺的一个要素。商业

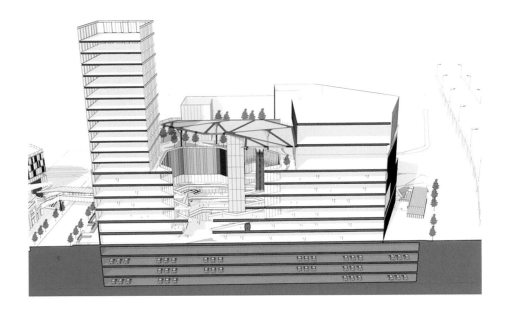

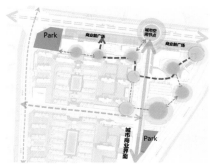

街区的景观环境设计包括现场的铺装、绿化、照明、景观小品、座椅、垃圾桶、标识、有时效性的布景等。通过运用艺术造型、色彩和材质等方式，体现景观小品所包含的丰富信息，力求为使用者提供一个高品质的商业环境。

室外舒适的慢行道路是商业街区中最重要的元素，它营造了整个商业街区轻松愉快的经营、购物、娱乐、游览环境。为了更好地营造出一种整体的氛围感，在不同区域的地面上铺设相近但材质、颜色和质感不同的地砖，让整个商业街区变得体验丰富、易于识别，同时又协调统一，为人们提供良好的社交环境。

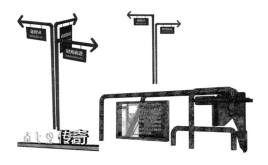

城市公园

开发建设无疑是老工业区改造中最核心、最根本的内容，同时还必须考虑工业遗产保护等文化资源问题。最近三四十年来，工业文化主题公园在全球范围内逐渐形成了一种流行的的文化展示形式。工业文化主题公园最早起源于欧洲。20世纪80年代，德国的鲁尔区开始将弃置的钢铁厂改造成为文化公园，以此来保留和传承当地工业历史。此后，越来越多的欧洲国家也开始将工业遗产转化为旅游景点，其中最著名的包括英国的铁路博物馆和法国的拉罗谢尔造船厂。中国也开始积极发展工业文化主题公园，如上海的世纪公园、天津的津南区和重庆的万州区都建有大型的工业文化主题公园，以展示中国工业的历史和发展。工业文化主题公园也受到了日本和韩国等亚洲国家的关注，越来越多的旅游项目也开始涉及工业遗产的保护和利用。

工业文化主题公园不仅是一种新兴的旅游形式，同时也是工业文化保护和传承的重要方式。在这样的大背景下，南七里记忆公园应运而生。金隅南七里尽最大可能保留工业建筑，并通过城市公园"Memory Park"的设计，使商业空间化整为零，在满足和支撑商业空间功能之余，大大增加游玩的趣味性，以期吸引源源不断的人气。城市公园以"Memory Park"为名，作新旧对比，拓宽项目所能呈现的线性时间长度，同时通过整合与调整空间，塑造一种新的场地气质。如果抽离了人的活动，徒具形式的厂房建筑，只是一组被形式性纪念的砌体块，但由新形式的建筑和景观的引入而促发的新潮事件和不断涌入的流动人群，将让整个场地拥有类似于生命体的更新活动。

城市公园设有三条景观路径。

线路一：时光的轨迹—组织人行流线（去线）。遗址公园由南向北，是步行进入遗址公园中心广场的主要动线。故事从1958年讲起，随着老厂砖的道路，历史的画面随之展开。1958~2015年几个关键时间节点上用小品雕塑做点题。

想象与记忆　在这里融合

线路二：凝固 58—组织人行流线（回线）。从遗址公园中心广场，步行游走于时光花园当中，首先进入室外花园雕刻时光，通过记忆花园，最后穿越摩登时代剧场进入灵魂空间核心雕塑广场区。路径中设置有锈迹斑驳的金属管道、烙印深深字迹的景墙、青黑透亮的路边砾石、地面铺装的齿轮等设计元素。

线路三：南七情怀—辅路人行流线（公交站）。作为紧邻高架桥的景观界面，营造隔离的植物种植，让人们能不受外界干扰地全情投入场地情境之中，从公交车站方向，城市步行道进入遗址公园，沿途有大型广告显示屏、沿街广告展示，进入时光花园就是穿越摩登时代。

城市公园的精神标志是静和池。三条景观轴线在南段收聚之后，在展示中心前经过一段轴线性水池。这里有一片静静的水面，名为"静和池"，水象征着生生不息，扩大的静水面象征着来之不易的和平。大面积绿色草坪和灰色石材地面以及清晰的细节，塑造了一种坚韧的素雅，提供了一处回忆的沉思之所。

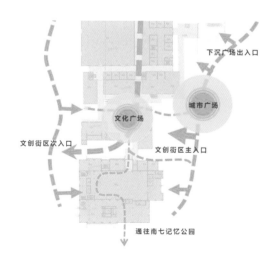

"Memory Park"以主题公园的形式，展现更加纯粹的南七记忆，让想象与记忆，在这里融合。褪去现代商业及办公的火热与嘈杂，留下与自然景观相互配合的时尚公园，更加纯粹完整地向世人展现它的过去。记忆公园，顾名思义是让置身其中的人们能够在此回忆起当初老工业基地的点滴。它以公园的形式融入景观植物与步行元素，以线性记忆串联的方式实现工业历史遗产与重点记忆广场的结合。

公园剥离了现代人类活动所使用的建筑群体，没有加入更多的现代化的人类活动，就是单纯、自然的城市生长过程中的融合，相对自然、相对清新地让南七里更纯粹的工业记忆在此展现。通过运用不同的材料将两个时代的元素融合在一起，不仅更好地展示了老城区的历史厚度，也更加深入地探索了项目所能呈现的线性时间长度，从而打造出一个全新的氛围。南七里记忆公园将工业历史、文化和技术融为一体，以展示南七里工业发展的历程和成就，为游客提供独特的旅游体验，同时也推动了工业遗产的保护和传承。

南七里的追求

南七里的追求

建筑艺术的第一个伟大价值在于：真正的建筑是以最真诚的态度、最实用的方式来解决人们遇到的所有问题。这其中的意义极其深远。每位建筑师精心设计每一座建筑，不仅改善了建筑使用者的生活或者工作的条件，而且随着这种精心设计的建筑的持续增多，国家建筑艺术的整体品位和标准随之也会不断提升。

现代主义建筑大师路德维希·密斯·凡·德·罗（Ludwig Mies Van der Rohe）有两句名言：一是少即是多（Less is More）；二是上帝存在细节之中（God is in the details）。

金隅南七里众多的经营业态、灵活的总体布局、多样的建筑形式、丰富的空间体验和富有生趣的四季景观，共同构建了南七里综合体宁静典雅的独特气质。在细节处理中，金隅南七里也处处体现出精致和端庄。我们在建筑的立面、街区的地面、天篷、环境艺术、色彩等设计中常常能够感受到这种无处不在的完美追求。

立面

丰富的天际线形态。南七里的设计方案对金寨南路和望江西路的城市天际线重新整合，新的街区地标弥补了天际线端处的空白，减少了天际线突然结束的突兀感。在地块内部，不同的建筑高度形成新与旧共生的建筑群组形态，建筑高低错落，建筑体量的对话，建筑语言的对话，材料的对话，老的南七工业文明的记忆与传承，重塑区域的地标及城市的新的封面照。

文创地块保留建筑的老厂房改造，保留了旧有建筑的框架，加建了深棕色或浅棕色的雨棚，设置了钢和玻璃搭接的围栏，形成了新与旧交融且对比的立面形态。老厂房之间，老厂房与新建筑之间用钢结构的天桥连接。在老厂房原有的钢筋混凝土结构之间。用 H 型钢等标准型材进行加固搭接，用锚栓紧固，结构清晰，没有多余的装饰。红砖墙配上透明的玻璃、深灰的窗框，局部设有竖向的浅棕黄色金属格栅。原有厂房的红砖墙、山形屋脊、水泥饰面是旧工业时代的代表，钢材与玻璃是新工业时代的代表，两个时代在 07 地块充分交融，在色彩、质感、温度方面形成现代与历史的对话。

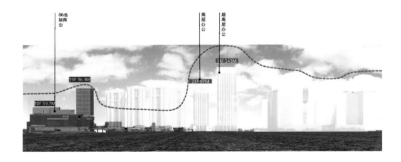

南七芯公寓是整个区域内的最高建筑，上部竖向线条和下部的横向线条形成立面视觉方面的对比统一，既凸显建筑向上生长的挺拔态势，又表达出下部基础的坚固性。高层的长方格形玻璃幕墙立面简洁轻巧，檐口的处理形成浅浅的阴影，增加了建筑的科技感。下部大面积棕色的横向线条的外墙与上部的玻璃幕墙形成体量、方向和色彩的对比，横向长条形开窗又打破了立面的呆滞感，增添了灵动性和丰富性。

商业综合体顶层采用膜结构顶，为建筑中庭引入良好的自然光线。银灰色体块和红色体块穿插融合，既将商业综合体统一在南七里的整体色调中，又传达了整个建筑的时尚感和科技感。水平向的体块被竖直向浅灰色金属幕墙遮阳板分隔，造型简洁轻快，这些幕墙遮阳板可以随着日光照射角度转动，以取得更为理想的遮阳效果。在建筑造型上，建筑主要立面没有采用直线型线条，而是用斜线结合 LED 电子屏的视觉效果打破建筑立面的竖向统一，既便于地面上来来往往的人群观看电子屏，又为原本横平竖直的建筑立面带来变化。

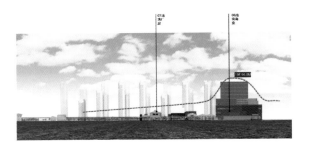

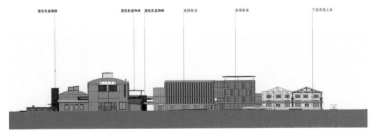

灰空间

为了增加文创 07 地块室外活动空间的舒适性，使室内与室外相互渗透、相互呼应，设计师在建筑立面外围设计了连续的连廊，形成了连续的灰空间，消除了室内室外的界限，不仅使建筑具有良好的层次感和自然的和谐感，也使生活界面具有了丰富的韵律。

时尚街区 02 地块的步行街上空设计了一个具有灰空间作用的天篷，采用了和 2008 年北京奥运会时所建的国家游泳中心（水立方）一样的材料——ETFE 膜。ETFE 膜是一种透明膜，为乙烯 - 四氟乙烯共聚物，它是无织物基材的透明膜材料，其延伸率可达 420%～440%。ETFE 膜材料的透光光谱与玻璃相近，因而俗称为软玻璃。ETFE 膜既可以隔绝强照度的日晒，又可以增加光线的透射。天篷的单元不管是精致的蜂巢形，还是自由的折线性，整个轮廓都是以圆润的转角构成，造型雅致。天篷以浅蓝灰色钢柱为支架，淡蓝色天篷与蓝灰色钢柱的冷色调和建筑主体的暖色调相交融，形成了色彩与质感的对立统一。

在连续的灰空间设计上，既有作为交通功能的天篷和连廊，又有提供逗留功能的面积较大的休憩型遮阳篷，满足人们交通和休憩逗留的需求。

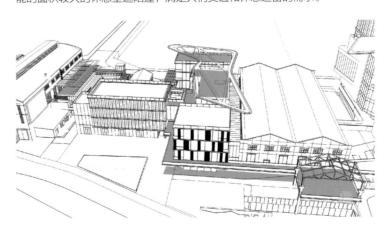

地面

地面事关行走的舒适性，对区域的直观感受也非常重要。金隅南七里的地面多用花岗石铺设。这些花岗石为正方形、长方形或长条形，颜色从浅灰色、深灰色到米黄色、深一点的浅黄色都有。石材铺设不求规整的图案，每个区域的石材规格有所不同，而且都有自己的主色调，并以一种自然的方式过渡到不同的周边区域。行人行走的地面石材主要是烧毛面，很少磨光，台阶等处还特别有防滑处理。在重要区域铺装中设有地埋的条形灯带，引导人流。地面和微地形相接的地方，往往做成高出地面的平面有折线变坡的宽阔路边石，这样既可以阻挡水土的流失，也感觉自然、舒展、开阔。行走在这样的街区，感觉到铺装细节的舒适性和人性化考虑的周全。

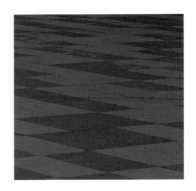

环境艺术

金隅·南七里的环境艺术设施不多，追求少而精，无论老厂房附近的抽象雕塑、街头巷尾的标志标识还是角落的小绿地，都有仔细的考量。这些小小的地方，也会悄然绽放它的价值，犹如"苔花如米小，也学牡丹开"。在"南七里"三个字体标识和品牌形象中也充分体现了设计的力量。金隅·南七里全新的品牌形象，通过拼音首字母"N"与汉字"七"的创意组合，重新构建了更具设计感的"南七里"标识。其中醒目的蓝色斜线，不仅代表着斜杠青年们（斜杠青年指的是一群不再满足"专一职业"的生活方式，而选择拥有多重职业和身份的多元生活的人群。斜杠青年来源于英文 Slash Youth，出自《纽约时报》专栏作家麦瑞克·阿尔伯的著作《双重职业》）不被传统身份框架所定义的态度，更体现出金隅·南七里传统与潮流自在穿行的项目特色。金隅·南七里未来将借助更具年轻属性的形象表达，建立与年轻消费群的同频共振。

此图片为效果图，具体情况以实际为准

南七里的色彩

颜色是一种非常重要的视觉因子，它能够通过心理学或生理学的原理来影响受众的思维。目前，色彩的研究领域已经超越了仅仅关注艺术设计或者颜色的市场营销，涉及颜色如何改变人们的心理状态以及它们之间的相互关系。为了尊重且彰显南七里的历史文脉，设计师在色彩运用方面是克制而谨慎的。金隅·南七里的建筑色彩，主要运用了中国传统色里的"胡粉"和"橡树棕"两种，和南七里旧厂房厚重的经过岁月洗礼的红砖色是同一种色系，形成整个地块的统一色调，而高层建筑则以具有科技感的灰色玻璃幕墙为主，彰显现代科技感。

在作为主要历史文脉延续的文创 07 地块，浅蓝灰色的连廊则打破了庄重到稍显沉闷的主色调，符合文创 07 地块文创空间的功能定义，同时又赋予环境以时尚、活泼、年轻的气息，让这片带有厚重历史印记的空间重新焕发出年轻蓬勃的活力。

文创地块 07 地块的公共空间营造中，锈蚀的金属部件、斑驳的红砖奠定了景观"铁锈红"的色调，与整个地块的主色调相契合，但是其再利用的创意则赋予这些元素以新的生命，成为南七里既彰显过去又面向未来的象征。

02 时尚街区地块、06 商业综合体地块新建筑主要采用"胡粉"和"橡树棕"作为主色调。

胡粉是中国传统色彩白色系之一。在南七里的整体色彩表达中，多用胡粉为主色调，辅以仓黄、蜡白、米色、卡其黄、浅棕灰等。这种颜色有着棕色的温暖和白色的轻快感，虽然有一点单调，但是它能够给人带来一种平静、放松和可靠的感觉。胡粉与大地色系，如苔藓绿、锈橙色搭配效果非常理想，同时还与红褐色相映成趣，例如玛拉萨酒红、红莓色和栗子色。

胡粉，很多人并不熟悉，但在古代却是女子常用的化妆品。胡粉的主要用途

就是敷面和涂墙，当然也有画壁画，敦煌壁画里的白就是胡粉。在胡粉的衬托下，金隅·南七里的整体色调给人以现代、高端、雅致的感觉，作为城市新地标，它的氛围营造完全符合一个城市公共区域的要求。胡粉带有历史神韵的同时也向世人展示了它开放、包容、多元化的态度。

橡树棕也是中国传统色彩棕色系之一。在中国传统色彩体系中，棕色是质朴，是可靠，属于间色。棕色是一种极具魅力的颜色，它既有杏仁般的柔和，又有泥土般的温润，它的存在让人联想到自然的美好，让人感受到泥土的清新，也让人感受到怀旧的温馨。棕色又可细分为浅棕色、中棕色、深棕色、红棕色，它是一种极具时尚感的百搭基础色，无论与什么颜色搭配，都能让整体看起来更加高贵，因此，可以利用更亮的色彩来弥补棕色的缺陷，让它成为时尚界的宠儿。

两种富有历史和韵味的色彩搭配，互相衬托，展现了南七里独有的内涵。

四季南七里

四季南七里

一个新生的、充满活力的南七里正在向市民招手，在不同的时间以不同的景象给人带来不一样的韵味：春天的花、夏天的树、秋天的果子、冬天的雪。南七里的春夏秋冬都有着不同的特色。春天，庭院和街区到处开满各种鲜花，弥漫着春的生机和活力。夏天，南七里绿树成荫，各种花草树木为人们带来阴凉与清新。秋天，南七里橘红、金黄的树叶映衬着爽朗的蓝天，每一处场景都洋溢着浪漫。冬天，南七里的街头巷尾布满节庆装饰，在冬雪的映照下，给人们带来无限的温暖和惬意。

走过四季，蓦然回首，南七里春夏秋冬留下的皆是风景和甜美。

南七里·春

春天是一个万物复苏的季节；春天是一个充满希望的季节。春天是一双温柔的手，它把冬天的寒冷消除，把萧瑟的气氛抹去，把新鲜的绿意带给大地。一场春雨滋润了南七里，春天的气息一夜之间就迸发出来。小草芽在悄悄地绽放着活力，把这片土地染上一片绿色。在老厂区中涅槃重生的南七里亦如这青青小草焕发出新的生机。此时的南七里春暖花开、杨柳依依、绿意盎然。南七里的春风不仅仅是一抹淡淡的微笑，更像是一股清新的力量，将最美丽的梦想投射到我们纯净的怀抱中，用一朵花的芬芳开启每一天的生活和工作。

春季来临，南七里也开始了新一轮的活动。庭院和街区入口处悬挂上了欢迎春天的饰物和祝福的标语，给人们带来了温暖的气息。在庭院和街区，在屋顶和角落种满了各种鲜花和绿植，吸引了男女老少驻足、拍照留念。临街的商家们有的在店内做了不少改变，为顾客提供更加舒适的购物环境；有的在店铺里增加了休息区，供顾客休息和品尝店家的特色小吃；有的店家则增加了更多的展示区，让顾客更好地了解商品。购物中心推出一系列新品和促销活动，吸引更多的消费者来到商业街区。春天的南七里繁花似锦，人们穿着轻薄的衣服在街上游逛，各种新鲜的水果和花卉摆满了店铺……

春天的南七里，是一幅人流如织的繁华景象。行色匆匆的人们，或手提购物袋，或低头看着手机，或与朋友聊天笑语。商铺里琳琅满目的商品，精美的

陈列和优惠的价格吸引着顾客。店家们忙碌地经营着自己的生意，不时地向路人招手示意。

春天的南七里是一个聚集文化和艺术的地方。街头艺人们各显神通，有的用吉他演奏动人旋律，有的表演魔术引得观众惊叹连连。路边的画家们搭起画架，笔触间勾勒出美丽的风景和人物。这里的文学沙龙和音乐会吸引着四面八方的爱好者。

春天的南七里更是一个展现时尚和潮流的舞台。流行的服装、饰品和化妆品让人们感受到时尚的魅力。不同风格的咖啡馆和餐厅，让人们一边欣赏音乐，一边品尝各种美食和异域风情。

南七里·夏
南七里的夏，是清晨的风，是午后的树荫，是黄昏的落霞，以及这每一次交流发生的快乐故事。

随着夏日的到来，绿意渐渐弥漫开来，远处的山峦、庭院中的小溪、林间的小路都变得碧翠如玉，南七里激荡着生机勃勃的活力。夏天的天气非常晴朗，太阳会微微露出它的微笑；夏天的气氛非常舒适，当早晨的曙色洒满大地，人们会沐浴着清新空气去忙碌，花木在充足的阳光雨露里茁壮生长。

夏日的南七里一片繁华，街头巷尾人流涌动。商家们精心布置着自家店铺的门面，品种繁多的小吃和纪念品吸引了不少游客。人们身穿短袖短裤，随处可见的各式裙装，轻松自在地在这个季节里穿梭。商家们不断地推出夏日清凉产品，冰激凌、冷饮、咖啡成了必备品。随着天色渐暗，商业街区的灯光也渐渐亮起。霓虹灯、彩灯、灯笼将整个商业街区装扮得五彩缤纷、亮丽夺目。夜晚的商业街区更具有迷人的魅力，人们可以在这里尽情享受夏夜的美好时光。

南七里·秋

南七里的秋，天空格外湛蓝，空气格外清新。树叶开始慢慢变黄、变红，飘舞树叶让南七里充满浪漫气息。商家们也开始为秋季准备各种商品，各种口味和品牌的月饼摆满了货架，让人眼花缭乱，各种衣服、鞋子、包包等秋季新品让人目不暇接。南七里不仅是购物的天堂，还是人们社交的场所。秋季的商业街区，人们穿着长袖衣服，手捧一杯热茶，聚在一起聊天，享受着清爽的秋风。

南七里·冬

告别了炽热的、忙碌的夏天，跳过了舒适、随性的秋天，即将迎接这"漫天寒冷天飞雪，一方红泥小火炉"的冬天。

冬日的南七里到处是热闹的人群和喜庆的气氛。商家们也在这个时候给商业街换上了一副全新的装扮，店铺前挂满了各种各样的圣诞装饰，五颜六色的彩灯闪烁着，吸引着顾客的目光。商家们也推出了许多冬季特色产品，烟气腾腾的热饮和香甜的糕点让人们在享受美食的同时也感受到了浓浓的节日气氛。虽然天气寒冷，南七里的繁华却没有因此减少，反而充满着温暖和喜悦。冬天的南七里成了人们心中的温暖之地，也成了合肥城市生活不可或缺的重要部分。

脚踏实地的诗意

脚踏实地的诗意

基于全生命周期理念，南七里的运营管理理念开始于项目的策划。金隅南七里立足合肥城市规划要求和用地周边的产业状况，明晰项目的产业和功能定位，根据项目的场所特点和精神气质进行了深入研究，首先对项目业态、后期经营管理进行了全程的策划。

在规划设计和施工管理过程中，金隅南七里团队结合运营管理要求不断对建筑及公共空间设计进行优化，包括场景诊断、设计主题、环境艺术到一店一色的店铺展陈。南七里运营管理的创新是基于商业空间的创新，设计方案将地下及地上串联打通，结合地形高差、多首层的设计手法，创造更多高价值商业店铺，同时结合不同商业空间打造多元的商业业态，为开发商创造更大的商业运营价值。另外，办公空间设计了 4.5 米的超高层高，打造个性化的LOFT 空间，宜商宜住，同时共享楼下一站式多元的商业休闲空间，成就未来年轻人的活力创客空间。

南七里在运营管理的优质服务中，借助自身优质资源平台，为项目整合各类型产业资源，从资源招引的筹备工作，到资源引入的合作洽谈，到开业统筹的全流程产业都有强大的团队支持，同时通过数字化应用平台的植入，实现项目运营过程中的安全管理、供应商管理、风险管理、财务及采购管理、人力资源管理、设施设备维护、交房验收管理及停车管理等环节的优质高效。

金隅南七里项目集时尚购物、餐饮娱乐、生态休闲、酒店、商务办公等多元业态于一体，旨在创造全新的一站式居住、生活、消费体验。金隅南七里项目由绿城物业服务集团有限公司进行物业管理工作，保证管理服务的优质、高效、贴心。

金隅南七里运营团队善于和政府部门沟通，响应政府号召并积极配合工作，参与社会化服务。运营团队借助金隅集团众多的商业资源和合作伙伴，积极推动项目的建设和发展，无论是招商还是活动策划，都做得有声有色。

金隅南七里运营管理团队善于学习、善于创新，善于发挥。运营团队善于利于用项目资源，在创造良好经济价值、社会价值的同时，弘扬国企奉献精神，宣传主旋律，积极推动文化建设和发展。比如依托南七里的文创街区和热锻车间开展高品质文化策展活动。始建于 1958 年的热锻车间，26 米挑高、独具魅力的苏式红砖老厂房，无论是空间和光线都是适合文化策展活动的绝佳之地。如今热锻车间已成功举办国家地理 129 周年经典影像展（2017 年9 月）、"热锻车间 樽碑而生"当代艺术展（2018 年 11 月）、蜀山·南七里城市更新论坛（2019 年）等高质量艺术展览、阅读分享会、文创沙龙等大型活动，吸引了大量热爱现代艺术的市民来此参观，成为合肥新一代"爆款"打卡地。热锻车间滋养了城市的品质内涵，在城市更新中潜移默化地发挥着

作用。南七里运营管理团队未来将会使热锻车间的文化服务功能进一步释放，为市民提供更多优质的文化艺术盛宴，"锻造"出合肥新的文化印记，推动南七里成为蜀山区乃至合肥市"文艺复兴"的精神地标。

今天的人们头顶历史烟云，脚踏既往尘埃，徜徉在焕发生机的南七里，探寻合肥这座城市工业发展的记忆，带着旧时代的独特印记，引领着新的时代精神。时代的更迭，抹平了许多岁月的痕迹，城市里，有许多曾经熟悉的事物正在渐渐消逝。但无论是过去的荣耀，或者旧日的生活，所有的美好终究不会被忘却。南七里，这片源起于工业时代的繁荣土地，承袭了一代人的骄傲，是这座城市精神的起源地之一。随着金隅南七里项目的建设，南七里的历史、文化、人居、商业等也将融入城市未来建设的脉络，成就未来的南七里风貌，成就未来的城市文脉。

合肥市力求打造城市更新的样板。金隅·南七里力求塑造出合肥市城市更新的样板项目。现如今，人们越来越意识到人与城市之间的情感联系，从城市到建筑，从整体到局部，如同生物体一样是有机联系，是和谐共处的，并努力推动和探索人城相融共生，以实现我们的最终目的：城市，让人们生活更美好！

参考书目

1. （丹麦）杨·盖尔.交往与空间 [M]. 北京：中国建筑工业出版社，2002.

2. （美）莎拉·威廉姆斯·戈德哈根.欢迎来到你的世界：建筑如何塑造我们的情感、认知、幸福 [M]. 北京：机械工业出版社，2019.

3. （美）塔尔博特·福克纳·哈姆林.建筑之美 [M]. 天津：天津出版传媒集团，2019.

4. 秦虹，苏鑫.城市更新 [M]. 北京：中信出版集团有限公司，2018.

5. 仲量联行.仲量联行 2019 年城市更新系列白皮书.

6. 仲量联行.仲量联行 2021 年城市更新系列白皮书.

7. 仲量联行.仲量联行 2022 年城市更新系列白皮书.

致谢

金隅南七里项目的成功，汇集了众多领导、同仁、规划设计师、建设者、管理运行者以及社会各界朋友的关心、支持。在本书撰写过程中，也承蒙各界友人、专家、学者无私的分享和助力，特别是金隅地产集团以及合肥管理中心提供的支持和配合、CDG 国际设计机构／西迪国际分享的宝贵资料，以及他们在成稿过程中的良好建议与善意批评，在此一并致以诚挚的谢意！

图书在版编目（CIP）数据

城市更新：金隅南七里的蜕变 / 金隅地产合肥管理
中心著 . -- 北京：中国建筑工业出版社，2023.11
ISBN 978-7-112-29236-3

Ⅰ.①城… Ⅱ.①金… Ⅲ.①旧城改造－研究－
合肥 Ⅳ.① TU984.541

中国国家版本馆 CIP 数据核字（2023）第 184352 号

责任编辑：张幼平 费海玲
版式设计：友方（北京）文化 李 飞
责任校对：张 颖

城市更新：金隅南七里的蜕变
金隅地产合肥管理中心 著
*
中国建筑工业出版社出版、发行（北京海淀三里河路 9 号）
各地新华书店、建筑书店经销
北京富诚彩色印刷有限公司印刷
*
开本：850 毫米 ×1168 毫米 1/16 印张：13 字数：213 千字
2024 年 3 月第一版 2024 年 3 月第一次印刷
定价：128.00 元
ISBN 978-7-112-29236-3
（41947）